# 20種

種

# 抹醬創造出來的
# 美味三明治

陳 鏡謙 著／楊 志雄 攝影

## 大廚小品

與陳鏡謙結緣，已經是 20 多年前隻身前往西華飯店任職法國廳副主廚的時候。當時，我還是個 30 嘟噹歲的新任主管，除了外籍主廚的考驗外，也要面對這群年輕廚師的挑戰。現在想想，我們都該感謝西華飯店提供一個舞台與機會，對我們而言也是另一個人生的轉捩點，當年這群新廚師，其中有兩位已經是現在大家追捧的型男主廚了，一位是當紅炸子雞——江振誠（Andre），另一位則是本書作者——陳鏡謙，無獨有偶的是，兩位都曾經去法國米其林三星餐廳 Le Jardin des Sens 與上海外灘 18 號歷練過，印證了「凡走過必留下痕跡」這句話的真理，我能在此知天命之年，見到當年的徒弟現已成為現代餐飲領航人，這也是我一輩子都將引為自豪的記憶。

當年我與年輕廚師溝通時，將廚師工作下了一個定義：「天下沒有不好吃的菜，只有不好吃的料理。」食物本身是沒有錯的，如果這個食材不好，也不會有買賣，更不會流傳下來。許多人經常因為有過一次不好的經驗，或甚至吃都沒吃過就拒絕某一道菜，其實非常可惜，而每種食材都有讓其更美味的作法，這就端看料理人如何去演繹它，以專業廚師的角度來看，更不應該偏食，因為不去瞭解食材，又如何去做好每一樣料理呢？

美食應該是無國界的，如何將平凡的東西變成美食才是真功夫，你我都不可能天天魚翅、龍蝦，或是鵝肝、魚子醬，所以老外把麥子變成麵粉再研製成各種麵包、義大利麵、甜點，東方人則是把米變成炒飯、稀飯、米粉、河粉。而我認為真正的美食是人在飽腹時還捨不得留下，是可以撫慰人心、讓人感到幸福，更是一種火侯經驗的極致表現。至於一個好的主廚則是能結合經驗與傳承，瞭解各種食材的物理、化學變化，懂得感恩珍惜各種季節食材，並能物盡其用改變其口味的魔術師。

對於廚藝，我私人的一個定義是：「中餐善調味、西餐懂原味。」我們這一代廚師的責任，是如何以「西學中用」或「中學西用」，發揮巧思，呈現各種私房料理，而阿謙結合世界各地食材的特色，變化出許多抹醬與宴客三明治，相信能將讀者的餐桌變得更有火花，印證「只要有心、人人都是廚神」這句經典台詞。

最後，除了希望這本書能為讀者帶來不一樣的美食經驗之外，也以義大利著名的音樂作曲家羅西尼（Rossini Gioacchino- 1792-1868）所說的一句話與大家分享：To eat, to love, to sing and to digest. 盡情享受美食吧！各位偉大的廚藝工作者！

Bon Appetit！

2016.12.28

## 一起來做星級料理吧！

**2016** 年，是我人生一個重要的轉振點，暫時結束了忙碌的主廚生涯，留職停薪，在家當起全職爸爸，陪伴我那兩位可愛的孩子。在許多人眼中，我的決定或許並不理智，甚至還有點冒險，畢竟在景氣不太好的大環境下，離開舒適圈、邁向未知的人生旅程，總是需要一點勇氣與憨膽。

回想我的廚師人生，暫且不提在爸媽經營的糕餅批發店中幫忙的童年生活，18 歲高中畢業之後，就進入晶華飯店當起小學徒，至此，我在台北各大飯店的西餐廚房中磨練精進，2002 年則因為感受到自身的不足，前往加拿大德博爾廚藝學院進修，回來之後，在師父王弘人先生的引薦下，有機會在米其林三星餐廳歷練，直到 2010 年進入台北遠東國際大飯店擔任行政副主廚。

這一路走來，累積了許多酸甜苦辣的回憶，在廚藝及管理能力上也有所增進，但忙碌的生活，往往會讓人忽略了身旁最重要的人，以及深藏在心底最真實的理想與渴望。於是，在家人的支持下，我做了這個決定，暫時停下往前衝的腳步，多一點時間陪陪家人、沉澱自己，思考未來的路。

在此同時，三友圖書的總編輯增娣找上我，問我有沒有興趣出書。我想著近年來野餐露營的風氣方興未艾，加上與家中的兩個寶貝朝夕相處之後，發現想討好孩子們的嘴其實比大人還困難，除了需要健康營養之外，好吃、好看甚至好玩，才是吸引他們目光的關鍵因素。於是，我想起了三明治，想起了在過去的西餐經驗中，各式各樣多變化的它，總扮演著餐桌上畫龍點睛的角色，若能有一本書，帶領讀者走進三明治的創意世界中，應該會是一件有趣的事。

事實上，三明治可說是巧婦、貴婦，甚或是拙於廚藝的主婦們的救星；它沒有高深的烹調手法，無須長時間準備。它健康營養，還能討好孩子們的嘴。它容易攜帶便於製作，可以隨時裝盒帶出去野餐露營；就連宴客，三明治精緻容易入口的造型，多變化口感，也經常獲得賓客的滿堂彩。

本書所介紹的 20 道抹醬、50 種三明治，製作方法其實都不難，只要加上一點創意巧思，以及勇於嘗試的態度，你也可以自己在家變出第 51 道、52 道⋯⋯甚至更多種類的三明治，來豐富你的生活；想平時食用，就擷取手邊有的食材，想招待客人，就到百貨公司的超市，尋找一些少見特別的食材加進去，就會讓人有一種：好像在飯店或星級餐廳吃高級料理的驚艷感受。

能順利完成這本書，除了要感謝出版社的編輯團隊之外，也要特別感謝 city' super 提供拍攝場地及贊助食材，尤其是 city' super 才有的獨家商品，讓三明治增添些許異國風味，此外，也要特別感謝林石龍主廚及兩位 city' super 賞味廚藝班的可愛小助手劉敏君、陳思羽，還有 Acommunity 餐廳的老闆黃耀微，也提供了許多在食材上的協助與建議。有人說，美食就是一趟探索世界的旅程，祝福所有的讀者能在這趟美食的旅程中，讓味蕾、心靈都能獲得最多的感動。

## 目錄

# Chapter1 三明治抹醬

# Chapter2 蔬菜三明治

## Chapter3　肉三明治

## Chapter4　海鮮三明治

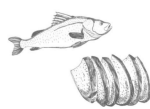

# 工 具

所謂「工欲善其事、必先利其器」，烹調之前先準備好適合且好用的工具，將讓烹調時光變得順利又美好。

## 主廚刀

一把尖利的主廚刀，方便使用時不會破壞食材本身的組織，且能完美地保留食物的原味。

## 打蛋器

打蛋器可以將食物均勻地打散，還能將空氣打入油中造成乳化作用，使醬汁較輕盈不厚重。

## 刨皮刀

可刨去食物外層較粗糙的外皮，並保留食材的原味。

## 抹刀

可將抹醬均勻地塗抹在任何物品上，是做三明治的一大利器。

## 鋸齒刀

可用來切開三明治，卻不會破壞三明治內部組織的必須工具。

# 烹調秘技

三明治之所以有趣，是因為其變化多端，可以簡單快速，也可以繁複費工，若能抓住烤、煎、炸、水煮等烹調方法的訣竅，必能增加三明治豐富多層次的口感。

### 水煮

在水中加入洋蔥、西芹、胡蘿蔔及鹽巴，煮成一鍋蔬菜高湯。

在煮肉的時候，需先滾一分鐘，之後關火、再蓋上蓋子，將食物悶熟，肉質就不會顯得太老。

### 炸

在鍋中倒入約一半的油加熱，剛開始油溫不要太高，約 150 度即可，將食物炸到約七分熟，最後再用高溫 190 度左右，將食物炸熟後，並將油逼出即可。建議可使用測量油溫的溫度計，較能控制油溫。

### 烤

碳烤食物時，盡可能先將要呈現在食用者面前的那一面先烤，因為先烤，肉比較不會縮，也能烤得較為均勻。需要注意的地方是：碳烤時，碳烤板溫度必須很高，不但可以用高溫鎖住肉汁，也不會因為溫度太低，而造成食物黏在碳烤鐵板上。

### 煎

煎食物的時候，先煎有皮的那一面，可以使皮脆且平整，加上有皮的那面油脂較多，也可以讓油脂更融入食物本身，增加風味。而另外一面則煎一下就好，整個煎到約 7 分熟即可，煎好之後靜置 3 ～ 5 分鐘（看食材大小），要食用時，再進烤箱以 180 度烘烤 1 分鐘即可。

# 選對麵包

麵包是三明治重要的靈魂之一，選對適合的麵包是成功製作美味三明治的第一步，本書所用的麵包共計 14 種，每一種都有不一樣的特色與口感。

鄉村裸麥
核桃麵包

雜糧麵包

洋蔥麵包

葡萄乾核
桃麵包

法國麵包

**主廚小提醒**

麵包跟食材的搭配並沒有絕對，只要是自己喜歡都可以隨意搭配，唯一要提醒的是，有些麵包搭配口味較重的起司特別好吃，像歐式麵包（包括雜糧麵包、鄉村裸麥核桃麵包或燕麥麵包等）組織較為厚重，搭配藍紋，白紋這種鹽味較強的起司特別好吃，如果可以再加些乾果跟堅果類更是完美。

有些麵包特別適合酥炸食物跟質地較軟的起司，像布里歐麵包這種奶香味較重並且非常柔軟的麵包，就很適合跟炸物搭配。除此之外，最好選擇軟硬較相同的組合搭配，不然麵包軟，裡面食物較硬，在品嘗時，可能會有些咀嚼方面的違和感，破壞口感。

巧巴達麵包

佛卡夏麵包

蔓越莓麵包

布里歐麵包

燕麥麵包

義大利乳酪麵包

# 起 司

起司是一種很妙的食材,可以獨立當主角,也能與其他食材搭配,將主角的口感襯托地更豐富有層次。

瑞克雷起司

帕瑪森乾酪

布列塔起司

藍紋起司

白紋起司

奶油起司

Ricotta 起司

**主廚小提醒**
起司與食材和麵包的搭配上,並沒有一定的準則,多方嘗試,選擇自己最喜歡順口的即可。唯一建議的,就是軟起司通常是尚未熟成的起司,大多沒有鹽味但有著濃郁奶香味,比如水牛起司、Ricotta 起司、布瑞達起司等等,這類型的起司都是非常適合搭配軟的麵包。

# 特殊食材

三明治要百變，創意很重要，時不時到市場及超市晃晃，就能找出特殊又美味可口的食材喔！

澳洲和牛

風乾番茄

無花果

日本蟹肉棒

杏桃乾

新鮮鮭魚

黑松露片

伊比利火腿

芥末籽醬

# 三明治抹醬

如果說，麵包是三明治的靈魂，

那麼抹醬就可以說是製作一道好吃三明治中，不可或缺、畫龍點睛的要角了。

本書介紹的 20 道抹醬，製作起來步驟相當簡單，

嘗起來卻十分美味可口，即使不加其他材料，

也不為了特意做三明治，平常備一點在冰箱中，晨起時抹在白吐司上，

也是好吃到令人感覺全身活力充沛的一份早餐。

還在等待甚麼？快去超市備好材料，一起來做抹醬吧！

# 青醬

**材料**

羅勒…………50g

松子…………100g

橄欖油………300c.c.

巴西里………200g

帕瑪森起司粉…100g

注意食材
溫度

## 做法

取部分羅勒及巴西里的葉子，煮一鍋滾水，川燙約 3 秒後冰鎮，濾掉水份後再用布或紙抹布擠乾，接著將所有食材加到果汁機內打碎即可。

**主廚小提醒：**打的時候記得先打 3 秒，之後再慢慢加時間，不要一次打過長時間，因時間太長溫度會升高，打出來的青醬會變黃且變質。

# 蛋黃醬

**材料**

蛋黃…………3 顆

橄欖油………100c.c.

醋……………少許

糖……………10g

鹽……………少許

油要
慢慢加

## 做法

將蛋黃、糖、鹽放入打蛋鍋中，用打蛋器順時鐘打到有點發白（時間約 3 分鐘左右），再慢慢加入 1/3 橄欖油（約 30c.c.），繼續打勻讓油與蛋黃結合在一起之後，再加 30c.c. 橄欖油，一直重複同樣的方法，直到蛋黃醬變得濃稠打不動時，加 10c.c. 的醋調整一下，繼續打直到所有的材料全部都加入為止。

**主廚小提醒：**如果不喜歡橄欖油的人可以用葡萄籽油或葵花籽油代替。

# 凱撒醬

## 材料

蒜末……………20g

帕瑪森起司粉…50g

鯷魚……………5 片

Tabsco ………3c.c.

蛋黃醬…………100g

須先做
蛋黃醬

**做法**

將蒜頭切碎與鯷魚拌在一起後,再加入蛋黃醬攪拌,一邊攪拌一邊慢慢加入起司粉及 Tabasco 即可。

# 酪梨醬

## 材料

酪梨…………1 顆

去皮番茄……1 顆

洋蔥…………半顆

香菜…………10g

檸檬汁………少許

鹽……………少許

胡椒…………少許

## 做法

將酪梨及洋蔥切丁,番茄去皮去籽後也切丁,將洋蔥丁、番茄丁、酪梨丁拌在一起後,放入香菜碎及檸檬汁,最後用鹽、糖、胡椒粉少許進行調味,可視個人口味調整。

# 橄欖醬

**材料**

黑橄欖········· 100g

橄欖油········· 60c.c.

鯷魚··········· 30g

糖············· 10g

松子··········· 20g

酸豆··········· 30g

**做法**

將黑橄欖、鯷魚、糖、松子、酸豆、橄欖油等材料，一起放入食物料理機中，平均打勻即可。

# 塔塔醬

## 材料

洋蔥…………100g

酸黃瓜………30g

酸豆…………25g

巴西里………10g

水煮蛋………2 個

蛋黃醬………100g

酸豆、酸黃瓜切碎一點更好

**做法**

將洋蔥、酸黃瓜、酸豆、巴西里及水煮蛋全部切碎,加入蛋黃醬拌勻之後即可。

# 優格香草醬

## 材料

原味優格……80g

酸奶…………80g

黃檸檬汁……10c.c.

糖……………10g

**做法**

將黃檸檬汁和糖先拌勻,再加入優格和酸奶將所有食材拌勻即可。

# 起司醬

**材料**

cream cheese … 300g

酸奶……………… 200g

羅勒……………… 4 片

百里香…………… 2g

**做法**

將少許羅勒跟百里香葉子切碎備用,先將 cream cheese 放室溫約一小時,然後用打蛋器將其打入空氣,使 cream cheese 變得非常柔軟之後,加入酸奶油及巴西里碎、百里香碎拌勻即完成。

# 番茄莎莎醬

**材料**

| | |
|---|---|
| 去皮番茄……1 顆 | Tabsco ……3c.c. |
| 洋蔥絲………30g | 蒜碎…………10g |
| 香菜…………20g | 紅椒粉………少許 |
| 檸檬汁………10c.c. | 鹽……………少許 |
| 橄欖油………20c.c. | 胡椒粉………少許 |

香菜碎、檸檬汁最後加

**做法**

將番茄去皮切成丁,加入洋蔥絲、香菜碎、蒜頭碎,檸檬汁、Tabasco、紅椒粉少許,攪拌片刻後再以鹽及胡椒粉調味,拌勻後加入橄欖油即完成。

# 鳳梨莎莎醬

## 材料

鳳梨丁⋯⋯⋯ 100g

薄荷葉⋯⋯⋯ 5g

檸檬汁⋯⋯⋯ 10c.c.

糖⋯⋯⋯⋯⋯ 10g

橄欖油⋯⋯⋯ 20c.c.

## 做法

將鳳梨切丁，薄荷葉切碎，鳳梨與糖和檸檬汁拌勻之後加入橄欖油，最後再把薄荷葉拌入即可完成。

**主廚小提醒：**薄荷葉必須在要食用之前最後才加，否則葉子會變苦也會變黑。

# 蜂蜜芥末醬

## 材料

黃芥末‧‧‧‧‧‧‧‧‧‧‧‧‧‧ 30g

蜂蜜‧‧‧‧‧‧‧‧‧‧‧‧‧‧‧ 30g

芥末籽蛋黃醬‧‧‧‧‧‧ 50g

蒔蘿草（dill） ‧‧‧5g

## 做法

黃芥末與蜂蜜先拌勻之後，慢慢加入芥末籽蛋黃醬，最後再將蒔蘿草加入拌勻即可。

# 芥末籽蛋黃醬

**材料**

芥末籽·········· 20g

蛋黃醬·········· 500g

洋蔥碎·········· 50g

蒜碎············· 15g

須先做
蛋黃醬

## 做法

洋蔥切碎,加上蒜碎及芥末籽,將以上三樣食材拌勻後,加入蛋黃醬拌勻,再加上鹽與胡椒粉調味即可。

# 松露蛋黃醬

## 材料

松露醬⋯⋯⋯ 20g

蛋黃醬⋯⋯⋯ 100g

松露油⋯⋯⋯ 2c.c.

蒜碎⋯⋯⋯⋯ 10g

起司粉⋯⋯⋯ 10g

須先做
蛋黃醬

## 做法

把蒜碎、起司粉及松露醬三樣材料拌勻之後,再加入蛋黃醬,最後再拌入松露油即可。

# 青蒜鯷魚醬

## 材料

| | | | |
|---|---|---|---|
| 青蒜 | 100g | Tabsco | 少許 |
| 鯷魚 | 30g | 巴西里 | 20g |
| 蒜碎 | 20g | 鹽 | 少許 |
| 橄欖油 | 50c.c. | 胡椒粉 | 少許 |

## 做法

青蒜切碎之後,與鰻魚、蒜碎、巴西里碎 20 克拌勻,之後加入 Tabasco、橄欖油,再以
鹽和胡椒調味即可。

# 風乾番茄醬

**材料**

風乾番茄……5 個

糖…………50g

百里香………10g

橄欖油………20c.c.

羅勒…………20g

鹽……………少許

胡椒粉………少許

先做風乾
小番茄

## 做法

風乾番茄切碎之後，與糖、百里香、橄欖油、羅勒碎一起拌勻，最後再加上鹽與胡椒粉調
味即可完成。

# 龍蝦蛋黃醬

## 材料

濃縮龍蝦汁… 50g

蛋黃醬……… 500g

檸檬汁……… 5c.c.

Tabsco …… 2c.c.

糖…………… 15g

鹽…………… 少許

胡椒粉……… 少許

須先做
蛋黃醬

## 做法

將龍蝦濃縮汁和蛋黃醬先拌勻，之後再拌入檸檬汁、Tabasco 及糖，再一起拌勻即可完成。

# 胡桃起司醬

**材料**

胡桃················· 80g

cream cheese ··· 500g

楓糖················· 100g

胡桃換核桃也行

## 做法

將 cream cheese 置於室溫一小時，用打蛋器打到柔順之後，再加入楓糖及胡桃碎拌勻即可完成。

# 黃檸檬 Confit

**材料**

黃檸檬⋯⋯⋯ 4 個

糖⋯⋯⋯⋯⋯ 200g

水⋯⋯⋯⋯⋯ 200c.c.

當果醬也
很棒

## 做法

黃檸檬先切薄片並去籽備用，將水加糖拌勻後，再將黃檸檬片放入糖水中，煮沸後關小火浸
泡 10 分鐘，關火，連鍋子一起置於室溫放涼後，放入冰箱 8 小時後即可食用。

# 風乾小番茄

**材料**

小番茄⋯⋯⋯ 500g

糖⋯⋯⋯⋯⋯ 100g

橄欖油⋯⋯⋯ 100c.c.

百里香⋯⋯⋯ 少許

鹽⋯⋯⋯⋯⋯ 少許

**做法**

小番茄切對半,置於烤盤中,撒上糖、少許鹽,以及橄欖油、百里香少許,完成後置入烤箱,
以 120 度烘烤約 2 到 3 小時,烤乾之後放涼即可完成。

# 香蒜奶油醬

## 材料

奶油………… 100g

蒜碎………… 50g

巴西里……… 15g

鹽…………… 少許

胡椒粉……… 少許

**做法**

將蒜及巴西里先切碎備用，並事先把奶油置於室溫中約一小時使其回溫後，用打蛋器打到
有點發白且柔軟，加入蒜碎、巴西里碎，並以鹽及胡椒拌勻調味即可完成。

# 蔬菜三明治

別以為三明治就得夾肉、夾火腿才好吃，其實只要加一點巧思，
用各式蔬菜搭配起司，甚至輔以些許烹調手法，
一道色香味俱全的蔬菜三明治就輕鬆上桌了。
這裡推薦的 15 種三明治，有許多食材都是讀者平常可能很難想像：
原來它也可以當成餡料啊！其實要做出星級料理等級的三明治並不難，
一切唯有創意兩字而已。

# 布瑞達起司無花果三明治

## 材料

布瑞達起司（Burrata Cheese）…80g

布里歐麵包………… 2 片

無花果……………… 2 個

海鹽………………… 少許

芝麻葉……………… 少許

## 做法

布里歐麵包切片,每片約 2 公分左右,放上布瑞達起司,將新鮮無花果洗淨之後,剖開成
6 塊擺在無花果旁邊,撒上海鹽即可,若喜歡味道重一些,也可以淋上青醬更美味。

# 水牛起司番茄三明治

## 材料

水牛起司⋯⋯⋯⋯⋯⋯2 個
（Mozzarella Cheese，也
就是大家熟知的莫札瑞拉起司）
鄉村裸麥核桃麵包⋯⋯3 片
青醬⋯⋯⋯⋯⋯⋯⋯⋯少許
番茄⋯⋯⋯⋯⋯⋯⋯⋯1 個
風乾小番茄⋯⋯⋯⋯⋯少許

眼尖的讀者會發現，水牛起司跟布瑞達起司（Burrata）怎麼外型看起來這麼像！其實，布瑞達起司是一種新鮮的義大利起司，雖然跟水牛起司很像，但裡面其實是液狀的，布袋形狀的外皮則是用水牛起司做成，切開之後裡面軟綿，嘗起來口感清爽卻奶味濃郁，在義大利文中，Burrata 是奶油的意思，由於產量不多，只有在超市的起司專櫃中才買得到喔！

## 做法

鄉村裸麥麵包斜切 3 片，每片約 1.5 公分左右，再將水牛起司和番茄切片，每片約 0.5 公分，以一片起司一片番茄的方式層層疊疊在麵包上，撒上海鹽、淋上青醬，並放上羅勒葉及風乾小番茄即可。

# 白紋起司松露三明治

## 材料

| | |
|---|---|
| 白紋起司（Brie Cheese）… | 6 片 |
| 燕麥麵包……………………… | 3 片 |
| 松露醬………………………… | 少許 |
| 松露片………………………… | 少許 |
| 山蘿蔔葉……………………… | 少許 |

## 做法

燕麥麵包切片每片約 1.2 公分,塗上松露醬,擺上白紋起司之後,再將松露片放置於起司上,
以山蘿蔔葉點綴即可。

# 瑞克雷起司杏桃三明治

## 材料

瑞克雷起司…9 片

蛋黃醬………少許

雜糧麵包……3 片

杏桃乾………5 個

綠捲生菜……少許

起司加果
乾是絕配

## 做法

雜糧麵包切片約 1.2 公分，均勻塗上蛋黃醬，再將切片的瑞克雷起司跟杏桃乾擺上，最後放上綠捲生菜即可。

# 藍紋起司堅果三明治

## 材料

| | | |
|---|---|---|
| 藍紋起司（Blue Cheese） | … | 適量 |
| 蛋黃醬 | … | 少許 |
| 核桃葡萄乾麵包 | … | 4 片 |
| 綜合堅果 | … | 適量 |
| 櫻桃蘿蔔 | … | 少許 |
| 山蘿蔔葉 | … | 少許 |

**做法**

核桃葡萄乾麵包切片約 1.2 公分，塗上蛋黃醬，依序將藍紋起司、綜合堅果擺上去，最後再以櫻桃蘿蔔片及山蘿蔔葉進行點綴即可。

# 奶油胡桃起司貝果

## 材料

胡桃起司醬… 少許

貝果………… 1 個

胡桃………… 少許

楓糖………… 少許

## 做法

將一個貝果切對半後，塗上胡桃起司醬，再切成 3 分，放上三個胡桃並淋上楓糖醬，最後點綴山蘿蔔葉即可。

# 藍莓起司堅果三明治

## 材料

新鮮藍莓……少許

蔓越莓麵包…4 片

起司醬………適量

綜合堅果……少許

可用季節
水果替代

**做法**

蔓越莓麵包以斜刀切片，每片約 1.2 公分，塗上厚厚的起司醬，再擺上藍莓、綜合堅果，最後放上日本水菜即可。

# 焦糖蘋果起司三明治

## 材料

蘋果·················· 1 個
布里歐麵包········· 2 片
糖····················· 少許
Ricotta Cheese··· 適量
山蘿蔔葉··········· 少許

## 做法

將蘋果去皮、去籽,切成 12 片之後均勻沾上糖,使用平底鍋將糖煎到一面變焦糖色之後翻面,讓整個糖溶化並與蘋果結合後備用。

將布里歐麵包切片後,每一片約 3 公分,再切成適合入口的小片,均勻塗上 Ricotta 起司,將焦糖蘋果放上去,最後點綴山蘿蔔葉即可。

# 碳烤森林野菇三明治

## 材料

| | | | |
|---|---|---|---|
| 杏鮑菇……… | 一支 | 橄欖醬……… | 少許 |
| 香菇………… | 3 朵 | 洋蔥麵包…… | 4 片 |
| 柳松菇……… | 少許 | 風乾番茄…… | 少許 |
| 蒜碎………… | 少許 | 日本水菜…… | 少許 |

## 做法

杏鮑菇切片約 0.5 公分，香菇去蒂之後，每一朵都切對半，加上柳松菇並撒上少許橄欖油、蒜碎、鹽及胡椒粉少許後，置於碳烤架上烤熟備用。

洋蔥麵包切片，每一片約 1.2 公分，塗上黑橄欖醬，將碳烤過的菇擺在黑橄欖醬上，接著擺上風乾番茄最後日本水菜點綴。

# 烤蔬菜總匯三明治

## 材料

| | | | |
|---|---|---|---|
| 茄子 | ········· 適量 | 柳松菇 | ········ 適量 |
| 櫛瓜 | ········· 適量 | 番茄 | ········· 適量 |
| 香菇 | ········· 適量 | 松露蛋黃醬 | ··· 少許 |
| 玉米筍 | ······· 適量 | 巧巴達麵包 | ··· 2 片 |

## 做法

將茄子、番茄、節瓜切斜片，柳松菇、玉米筍、香菇拌入巴薩明哥黑醋、橄欖油、蒜碎、鹽、胡椒粉等等，置於烤箱內以 180 度溫度烤約 7 分鐘之後，放冷備用。巧巴達麵包切斜片，每片約 2 公分，塗上松露蛋黃醬再擺上烤過的綜合蔬菜，最後放上山蘿蔔葉即可。

# 番茄蘆筍起司三明治

## 材料

蘆筍……………… 適量

起司醬…………… 少許

佛卡夏麵包……… 2 片

風乾小番茄……… 少許

櫻桃蘿蔔………… 少許

## 做法

蘆筍川燙約 40 秒後備用，番茄切片 0.5 公分之後，需先碳烤兩面備用。

佛卡夏麵包切橫片，每片約 2 公分，塗上起司醬，擺上碳烤番茄及蘆筍，最後放上櫻桃蘿蔔片及風乾番茄即可。

# 香蒜奶油起司三明治

## 材料

瑞克雷起司… 4 片

香蒜奶油醬… 少許

法國麵包…… 4 片

山蘿蔔葉…… 少許

## 做法

法國麵包斜切約 1.5 公分的厚度，抹上香蒜奶油醬再放上瑞克雷起司片，最後點綴山蘿蔔葉即可完成。

# 蒜味蘑菇起司三明治

## 材料

蘑菇…………3 朵

Cream　……少許

香蒜奶油醬…少許

布里歐麵包…2 片

巧達起司……少許

## 做法

將每一朵蘑菇切開成 4 塊，大火煎到全部上色後，再加入洋蔥碎炒香，接著倒入鮮奶油和巧達起司離火備用。

布里歐麵包切片每一片約 2 公分，塗上香蒜奶油醬汁後，再放上炒好的蘑菇最後點綴巴西里葉即可。

# 香炒菠菜蘑菇三明治

## 材料

菠菜………… 適量

蘑菇………… 少許

蒜碎………… 少許

芥末籽蛋黃醬 少許

洋蔥麵包…… 4 片

## 做法

將每一朵蘑菇都切開成 4 塊,大火煎到全部上色後,加入菠菜及蒜碎拌炒後備用。洋蔥麵包
切片,每一片約 1.5 公分,塗上芥末籽蛋黃醬,再將炒好的菠菜蘑菇擺上去即可完成。

# 碳烤朝鮮薊三明治

## 材料

朝鮮薊⋯⋯⋯ 適量

風乾番茄醬⋯ 少許

雜糧麵包⋯⋯ 3 片

芝麻葉⋯⋯⋯ 少許

**做法**

將朝鮮薊切開，拌入橄欖油和巴薩明哥酒醋後，以鹽、胡椒粉調味後碳烤片刻，將雜糧麵
包切片，每片約 1.2 公分，塗上風乾番茄醬，再擺上碳烤朝鮮薊，最後放上芝麻葉即可。

# 肉三明治

豬肉、雞肉及牛肉是最常見於三明治內餡的食材，
不但增添了三明治的風味，也滿足了無肉不歡的食客脾胃，增加飽足感。
事實上，雖然都是肉，但依據不同肉品，採用不同料理方式，
搭配適當的麵包、抹醬及蔬菜，則能帶出三明治的豐富層次，
讓品嘗三明治這件事，變得更有趣、更令人期待。

# 伊比利火腿三明治

## 材料

伊比利火腿············ 6 片
核桃葡萄乾麵包······ 4 片
芥末籽蛋黃醬········ 少許
芝麻菜················ 少許

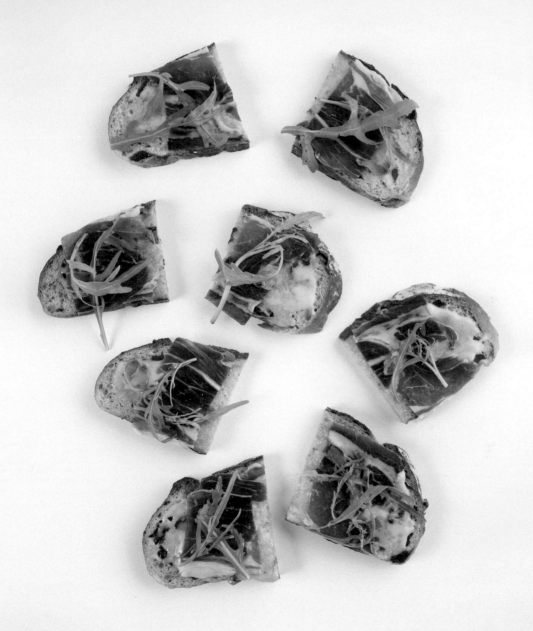

## 做法

將核桃葡萄乾麵包斜刀薄片切開,每片約 1.2 公分厚度,接著平均抹上芥末籽蛋黃醬,再
將伊比利火腿平均置於芥末籽蛋黃醬上,擺上少許芝麻菜即可。

# 烤美國沙朗牛排三明治

## 材料

沙朗牛排……100g

（以迷迭香、橄欖油、百里香少許，搭配蒜頭 2 個醃製）

法國麵包……4 片

塔塔醬………少許

綠捲菜………少許

櫻桃蘿蔔……少許

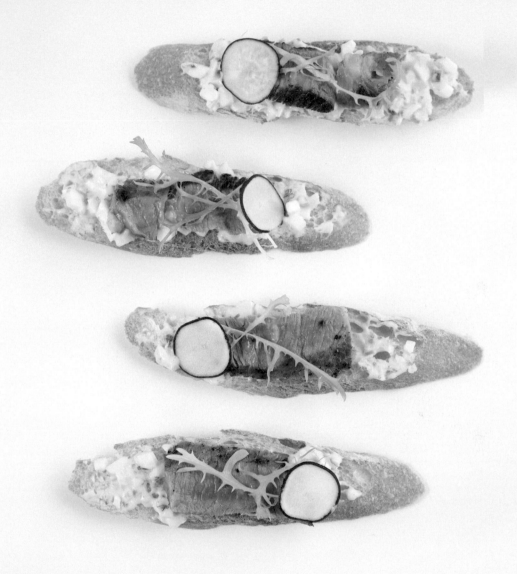

## 做法

先將沙朗牛排置於室溫約一小時，同時將蒜頭 2 個，連同迷迭香、百里香、橄欖油少許一同醃製，再用大火煎至兩面金黃色並以鹽與胡椒粉調味後，讓牛排休息 5 分鐘後備用。

法國麵包斜刀切下 4 片約 1.5 公分厚度，平均抹上塔塔醬，將靜置後的牛排切片放在塔塔醬上，放上櫻桃蘿蔔片與綠捲菜即可。

# 櫻桃鴨胸三明治

## 材料

鴨胸‧‧‧‧‧‧‧‧‧‧‧‧‧1 片

巧巴達麵包‧‧‧‧‧‧2 片

凱撒醬‧‧‧‧‧‧‧‧‧‧‧少許

小番茄‧‧‧‧‧‧‧‧‧‧3 個

日本水菜‧‧‧‧‧‧‧‧少許

## 做法

將櫻桃鴨胸用鹽與胡椒簡單調味後，小火煎帶皮的那一面，約 3 分鐘煎至金黃色之後，翻面再煎 1 分鐘，然後靜置休息 5 分鐘。

將巧巴達麵包橫切兩片約 2 公分厚，平均抹上凱撒醬，再將鴨胸切斜片置於凱撒醬上，小番茄切片再放在鴨胸上，最後將日本水菜葉擺放最上面即完成。

# 松阪豬肉三明治

## 材料

松阪豬········· 100g

（以醬油、糖、蒜醃製）

燕麥麵包······ 3 片

青醬··········· 少許

羅勒··········· 少許

櫻桃蘿蔔······ 少許

**做法**

將松阪豬先用醬油、糖、蒜頭先醃約一小時後,再用小火兩面煎上色,然後取出置於烤箱內用 180 度烤 3 分鐘。

將燕麥麵包切下 3 片約 1 公分,均勻塗上青醬,再將煎好的松阪豬斜切下來置於青醬上,擺上櫻桃蘿蔔薄片與羅勒葉即可。

# 豬肋排火腿玉米可頌

## 材料

豬肋排火腿… 50g

可頌………… 2 個（可視人數調整）

優格醬……… 少許

玉米………… 30g

香菜………… 少許

## 做法

將豬肋排火腿切成長寬約 1 公分的丁，與玉米粒跟優格醬拌勻備用。再將可頌對開，塞入
火腿玉米優格，擺上香菜葉，即可完成。

# 火腿起司三明治

## 材料

火腿⋯⋯⋯⋯2 片

白吐司⋯⋯⋯3 片

蛋黃醬⋯⋯⋯少許

起司⋯⋯⋯⋯2 片

雞蛋⋯⋯⋯⋯2 個

## 做法

先用一片白吐司兩面塗上蛋黃醬,另一片則塗上一面蛋黃醬,兩面的吐司分別貼上火腿及巧
達起司片,再將另一片吐司貼在下面,將雞蛋打散做成蛋液,把做好的三明治側邊與底部沾
上蛋液後,用平底鍋將每一面煎上色,再放上櫻桃蘿蔔片及山蘿蔔葉即可。

# 風乾伊比利豬肉腸三明治

## 材料

義大利腸……9 片

巧巴達麵包…3 片

黑橄欖醬……少許

日本水菜……少許

風乾小番茄…適量

## 做法

巧巴達麵包橫切 3 片,每一片約 2 公分即可。塗抹上黑橄欖醬,再放上 3 片風乾伊比利豬肉腸,最後再擺上風乾番茄及水菜,即可完成。

# 碳烤雞腿三明治

## 材料

雞腿⋯⋯⋯⋯⋯⋯ 一片（用醬油、糖、蒜頭醃製）

義大利乳酪麵包⋯ 2 片

風乾番茄醬⋯⋯⋯ 少許

芝麻菜⋯⋯⋯⋯⋯ 少許

## 做法

一隻去骨雞腿先用醬油、糖、蒜頭醃約 30 分鐘,放上碳烤架上烤至兩面上色,再置於烤箱中烤約 3 分鐘到熟。

將義大利乳酪麵包切成長條形,擺上烤好的碳烤雞腿,再放風乾番茄醬,並用芝麻菜點綴在風乾番茄醬上即可。

# 極品和牛焦糖洋蔥三明治

## 材料

和牛⋯⋯⋯⋯ 100g

布里歐麵包⋯ 2 片

松露蛋黃醬⋯ 少許

芝麻菜⋯⋯⋯ 少許

番茄⋯⋯⋯⋯ 少許

洋蔥⋯⋯⋯⋯ 1/2 顆

## 做法

將半顆洋蔥切絲之後，以慢火炒至焦糖色（約20分鐘）備用。和牛室溫靜置一小時，大火煎兩面上色，再靜置5分鐘。

將布里歐麵包切片約2公分，抹上松露蛋黃醬，再將焦糖洋蔥放上去，和牛切片也放上去，最後再用小番茄片及芝麻菜做最後點綴即可。

# 水煮雞胸三明治

## 材料

雞胸…………1 片

法國麵包……4 片

酪梨醬………少許

山蘿蔔葉……少許

**做法**

將 1,500c.c. 的水置於鍋中,放入西芹、胡蘿蔔、洋蔥各 20 克,並放入些許的鹽,將水煮滾後放入雞胸煮約 1 分鐘後關火,蓋上鍋蓋,用悶的方式將雞肉悶熟備用。
將法國吐司斜切約 2 公分,塗上厚厚的酪梨醬,再將雞胸斜刀切薄片放上,點綴上山蘿蔔葉即可。

# 鵝肝醬鳳梨三明治

## 材料

鵝肝醬⋯⋯⋯⋯⋯ 2~3 片

鳳梨莎莎醬⋯⋯⋯ 少許

布里歐⋯⋯⋯⋯⋯ 2 片

日本水菜⋯⋯⋯⋯ 少許

## 做法

將布里歐麵包切成約 2 公分的厚度，先將鳳梨莎莎醬平均放在麵包上面，接著把鵝肝醬切薄片置於鳳梨莎莎醬上面，在擺上日本水菜裝飾即可。

**主廚小提醒：**切鵝肝醬的刀要事先泡一下熱水才會好切。

# 總匯三明治

## 材料

| | | | |
|---|---|---|---|
| 培根 | 2 片 | 蛋 | 1 顆 |
| 白吐司 | 2 片 | 番茄 | 1 顆 |
| 蛋黃醬 | 少許 | 蘿蔓 | 少許 |
| 花生醬 | 少許 | 紅洋蔥圈 | 少許 |

## 做法

雞蛋加入一點牛奶炒成炒蛋備用，培根煎兩面到酥脆備用，將兩片吐司稍微烤過塗上蛋黃醬
及花生醬，依序擺上番茄、蘿蔓生菜、培根、炒蛋、紫洋蔥圈即可。

# 帕瑪火腿三明治

## 材料

帕瑪火腿⋯⋯6片

佛卡夏麵包⋯3片

番茄莎莎醬⋯少許

羅勒⋯⋯⋯⋯少許

綠捲菜⋯⋯⋯少許

櫻桃蘿蔔⋯⋯少許

## 做法

佛卡夏麵包橫切 3 片，每片約 1.5 公分，先把番茄莎莎醬平均放上麵包上，再將帕瑪火腿稍微捲一下放在番茄莎莎醬上面，最後擺上羅勒、櫻桃番茄、綠捲菜即可完成。

# 火腿玉子燒三明治

## 材料

玉子燒………1 片 .

白吐司………1 片

青醬…………少許

火腿…………3 片

小豆苗………少許

## 做法

將一片吐司切成三長塊備用，玉子燒橫切 0.5 公分備用，吐司塗上青醬，再放上玉子燒最後
擺上火腿及小豆苗點綴即可。

# 香煎豬五花泡菜三明治

## 材料

豬五花………100g
（用糖、蒜頭、醬油醃製）
泡菜…………80g
燕麥麵包……3 片
蛋黃醬………少許
小黃瓜絲……少許

**做法**

將豬五花肉先切片,再對半切成長條狀,接下來用糖、蒜頭、醬油醃約 30 分鐘,大火煎
熟備用。

燕麥麵包斜切,每片約 1.2 公分左右,抹上蛋黃醬,再擺上泡菜、豬五花,最後小黃瓜切
絲放在最上方即可。

# 起司豬里肌三明治

## 材料

豬里肌薄片⋯⋯ 2 片

巧巴達麵包⋯⋯ 3 片

凱撒醬⋯⋯⋯⋯ 少許

帕瑪森起司粉⋯ 60g

雞蛋⋯⋯⋯⋯⋯ 1 顆

麵粉⋯⋯⋯⋯⋯ 少許

芝麻菜⋯⋯⋯⋯ 少許

## 做法

豬里肌用保鮮膜貼著輕拍成薄片，沾麵粉再沾蛋液之後，將帕瑪森起司粉平均撒在兩面，接著用不沾鍋以中溫煎至兩面的起司微脆且呈金黃色，放在旁邊備用。

將巧巴達麵包橫切 3 片，每片約 2 公分，塗上凱撒醬，將起司豬切片擺上，最後放上芝麻菜即可。

# 炸雞三明治

## 材料

| | | | |
|---|---|---|---|
| 雞腿⋯⋯⋯⋯⋯⋯ 1 隻 | | 醬油⋯⋯⋯⋯⋯⋯ 5c.c. |
| （用醬油、胡椒粉、麵粉醃製） | | 鹽⋯⋯⋯⋯⋯⋯⋯ 少許 |
| 塔塔醬⋯⋯⋯⋯⋯ 少許 | | 胡椒粉⋯⋯⋯⋯⋯ 少許 |
| 巧巴達麵包⋯⋯⋯ 3 片 | | 櫻桃蘿蔔⋯⋯⋯⋯ 少許 |
| 麵粉⋯⋯⋯⋯⋯⋯ 少許 | | 小黃瓜絲⋯⋯⋯⋯ 少許 |

## 做法

將一隻雞腿去骨,切分 6 塊之後,用醬油、胡椒粉、麵粉少許拌在一起,靜置約 15 分鐘,
以中溫油炸約 3 分鐘,最後 30 秒轉大火繼續炸,將油逼出後備用。
巧巴達麵包橫切 3 片,每片約 2 公分,塗上較厚的塔塔醬,放上炸雞,最後擺上小黃瓜絲及
櫻桃蘿蔔片即可。

# 海鮮三明治

對喜歡海味的讀者來說，能將海鮮做成輕食三明治，
是再幸福不過的一件事了。適合夾入三明治的海鮮很多種，
料理方式也多變化，無論是乾煎或酥炸，搭配爽口的抹醬，
就是一道美味可口的三明治了！

# 燻鮭魚蜂蜜芥末貝果

## 材料

燻鮭魚············ 4 片

蜂蜜芥末醬······ 少許

貝果············· 2 個

芝麻葉··········· 少許

紅洋蔥圈········· 少許

小番茄··········· 少許

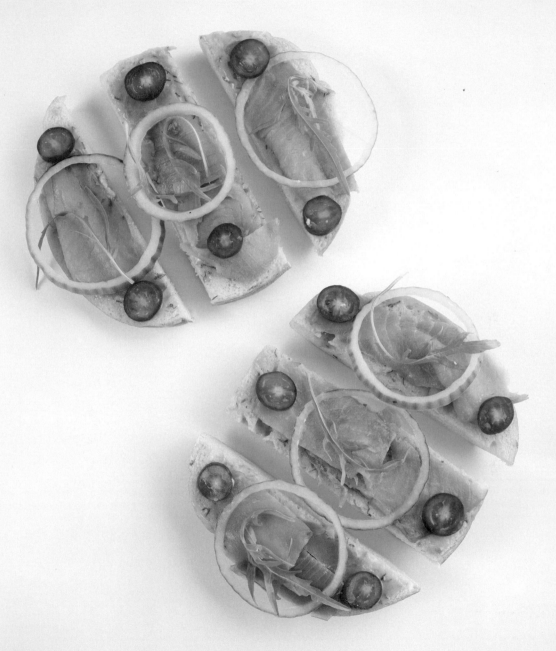

## 做法

將原味貝果對半切開之後，先塗上蜂蜜芥末醬，再將貝果直式切成 3 份，擺放上燻鮭魚，
前後放上小番茄片之後，再放上紫洋蔥圈及芝麻葉即可。

# 香煎干貝三明治

## 材料

干貝…………6個

塔塔醬………少許

布里歐………2片

櫻桃蘿蔔……少許

小紅葉………少許

## 做法

鮮干貝撒上鹽及胡椒粉,用大火將兩面煎上色備用。布里歐麵包切成片,每片約 2 公分,塗上塔塔醬之後,再將干貝放上去,接著擺上櫻桃蘿蔔片及小紅葉即可。

# 半熟鮮鮪魚三明治

## 材料

新鮮鮪魚………… 100g

青蒜鯷魚醬…… 少許

巧巴達麵包…… 3 片

櫻桃蘿蔔………… 少許

小豆苗………… 少許

## 做法

鮮鮪魚撒上鹽及胡椒粉之後，用大火將四個面都煎上色後切薄片備用。巧巴達麵包切片約 2
公分，塗上青蒜鯷魚醬，擺上鮪魚片櫻桃蘿蔔片，最後點綴小豆苗即可。

# 炸馬頭魚三明治

## 材料

炸馬頭魚…………… 2 片
青醬………………… 少許
核桃葡萄乾麵包… 4 片
小番茄……………… 少許
芝麻葉……………… 少許
紅洋蔥圈…………… 少許

## 做法

用馬頭魚肉的那一面沾麵粉，以中溫油炸約 40 秒之後，轉高溫再炸 30 秒，並以鹽及胡椒調味後備用。核桃葡萄乾麵包切片，每片約 1.5 公分，塗上青醬再放上馬頭魚，最後放上番茄片、紫洋蔥圈、芝麻葉即可。

# 鮮蝦酪梨三明治

## 材料

水煮鮮蝦……4 隻

酪梨醬………少許

布里歐………2 片

青花苗………少許

櫻桃蘿蔔……少許

山蘿蔔葉……少許

## 做法

將蝦子帶殼燙熟備用。布里歐麵包切片,每片約 2 公分,塗上酪梨醬,將燙過的蝦子對切後,並洗淨蝦腸再擺到酪梨醬上,最後點綴上櫻桃蘿蔔片、青花苗以及山蘿蔔葉即可。

# 香煎鮭魚三明治

## 材料

鮭魚·················· 100g

青醬·················· 少許

黃檸檬片 confit ······ 少許

洋蔥麵包·············· 3 片

芝麻葉················ 少許

櫻桃蘿蔔·············· 少許

**做法**

鮮鮭魚切成 6 片，每片約 15 克，撒上鹽及胡椒，以中火兩面煎熟備用。

洋蔥麵包切片，每片約 1.2 公分，塗上青醬再將煎過的鮭魚放置在青醬上面，再以黃檸檬
confit 覆蓋在鮭魚上，將櫻桃蘿蔔片、芝麻葉點綴在最上方即可。

135

# 燻鮭魚起司貝果

## 材料

燻鮭魚⋯⋯⋯ 100g

起司醬⋯⋯⋯ 少許

貝果⋯⋯⋯⋯ 2 個

洋蔥丁⋯⋯⋯ 少許

蒔蘿⋯⋯⋯⋯ 少許

日本水菜⋯⋯ 少許

番茄⋯⋯⋯⋯ 少許

餡料與抹
醬先拌勻

## 做法

燻鮭魚切丁與洋蔥丁一起拌入起司醬備用。原味貝果切對半後,將剛剛拌入洋蔥及燻鮭魚的
起司醬抹上去,然後再將一個貝果切成四塊,把番茄片、蒔蘿及日本水菜擺在最上面即可。

# 烏魚子青蒜三明治

## 材料

烏魚子⋯⋯⋯一片

青蒜鯷魚醬⋯少許

佛卡夏麵包⋯3 片

青蒜絲⋯⋯⋯少許

櫻桃蘿蔔⋯⋯少許

## 做法

先用噴火槍將烏魚子外層薄膜燒掉後切片備用。佛卡夏麵包切片，每片約 2 公分左右，均勻塗上青蒜鯷魚醬再擺上切片的烏魚子，最後將櫻桃蘿蔔絲與青蒜絲放在烏魚子上方，並以日本水菜點綴即可。

# 鮭魚卵酪梨三明治

## 材料

鮭魚卵⋯⋯⋯ 50g

酪梨醬⋯⋯⋯ 少許

布里歐⋯⋯⋯ 2 片

紅洋蔥圈⋯⋯ 少許

山蘿蔔葉⋯⋯ 少許

## 做法

布里歐麵包切片，每片約 2 公分左右，塗上厚厚的酪梨醬，再將鮭魚卵放在酪梨醬上面，
以紅洋蔥圈及山蘿蔔葉最後點綴上去即可。

# 鮮鮪魚小黃瓜三明治

## 材料

| | | | |
|---|---|---|---|
| 新鮮鮪魚丁 | 100g | 小黃瓜 | 少許 |
| 蛋黃醬 | 少許 | 羅勒 | 少許 |
| 青醬 | 少許 | 櫻桃蘿蔔 | 少許 |
| 鄉村裸麥核桃麵包 | 3 片 | 紅洋蔥圈 | 少許 |

## 做法

鮪魚撒上鹽及胡椒，用大火將表面煎上色後切成丁，與小黃瓜丁拌入蛋黃醬並擠些許檸檬汁備用。鄉村裸麥核桃麵包切片，每片約 1.2 公分，抹上青醬，再將剛剛拌入鮪魚小黃瓜的蛋黃醬置於青醬上，放上洋蔥圈，點綴上羅勒即可。

# 香蒜煎鮮蝦三明治

## 材料

白蝦……………6隻

塔塔醬……………少許

布里歐……………2片

玉米粉……………少許

山蘿蔔葉…………少許

櫻桃蘿蔔…………少許

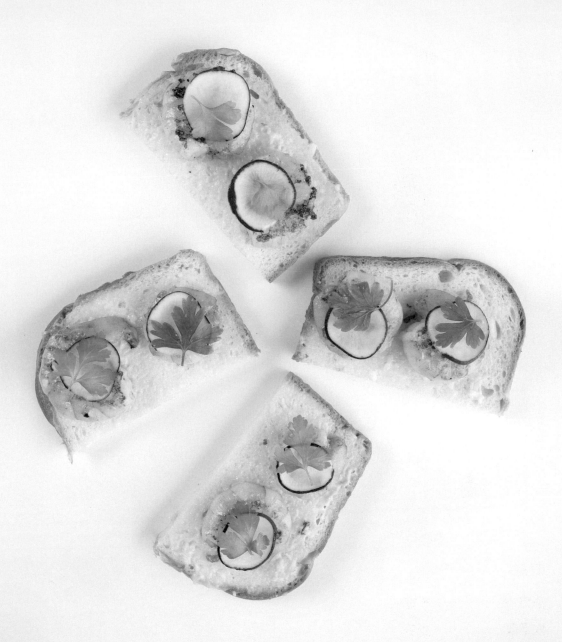

## 做法

將鮮蝦拌入玉米粉及蒜末醃約 3 分鐘,開中火將蝦子煎熟,起鍋之前放入一小匙黃奶油增加
香氣。布里歐麵包切片後塗上塔塔醬,最後放上櫻桃蘿蔔片及山蘿蔔葉點綴即可。

# 炸軟殼蟹三明治

**材料**

軟殼蟹⋯⋯⋯ 1 隻
地瓜粉⋯⋯⋯ 少許
青蒜鰻魚醬⋯ 少許
布里歐⋯⋯⋯ 2 片
日本水菜⋯⋯ 少許
紫高麗苗⋯⋯ 少許

## 做法

軟殼蟹退冰後去鰓，並沾上地瓜粉下油鍋炸到酥脆，中溫炸 1 分半之後，轉高溫再炸 30 秒
即可，起鍋後以鹽及胡椒調味備用。布里歐麵包切 2 片，每片約 2 公分厚度，塗上青蒜鯷魚
醬後放上軟殼蟹，再將日本水菜及紫高麗苗擺在最上方即可。

# 西班牙油泡章魚三明治

## 材料

章魚…………100g

番茄莎莎醬…少許

青醬…………少許

洋蔥麵包……3 片

芝麻葉………少許

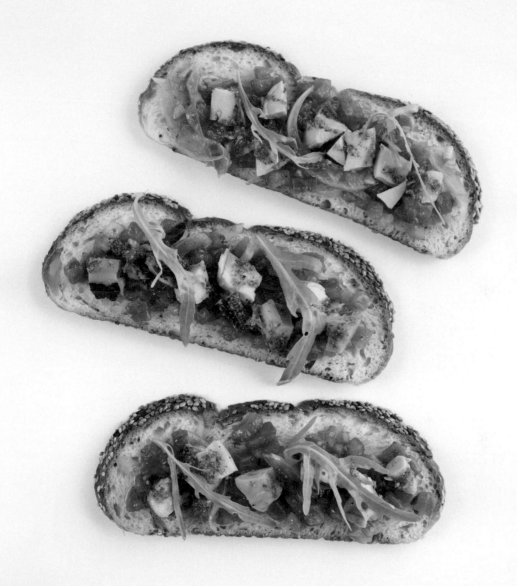

## 做法

將洋蔥麵包切成 3 片,每片約 1.5 公分,將番茄莎莎醬平均置於麵包上,再將章魚切塊放在番茄莎莎上,淋上青醬,最後放上芝麻葉即可。

# 酥炸小魷魚三明治

## 材料

小魷魚⋯⋯⋯ 100g

玉米粉⋯⋯⋯ 少許

塔塔醬⋯⋯⋯ 少許

佛卡夏麵包⋯ 3 片

小番茄⋯⋯⋯ 少許

日本水菜⋯⋯ 少許

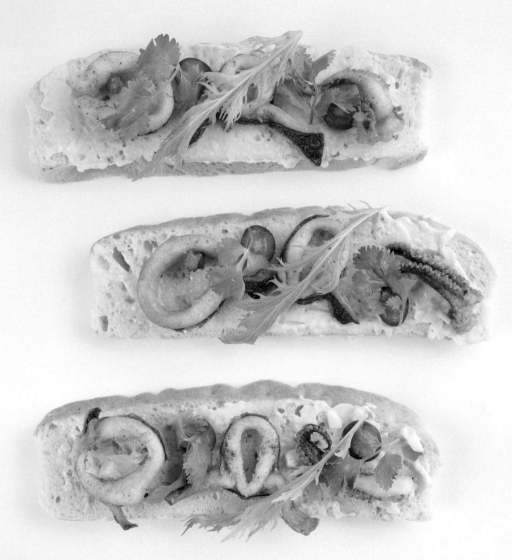

## 做法

小魷魚切圈洗淨濾乾後，沾上麵粉與紅椒粉，放入油鍋以中溫油炸 1 分鐘後轉高溫油炸約
20 秒即可起鍋，以鹽及胡椒調味後備用。
佛卡夏麵包切片，每片約 2 公分，先塗抹上塔塔醬之後放上油炸小魷魚，最後放上香菜、小
番茄片、日本水菜即完成。

# 蟹腿凱撒三明治

## 材料

蟹腳⋯⋯⋯⋯⋯⋯ 6 隻

凱撒醬⋯⋯⋯⋯⋯ 少許

葡萄乾核桃麵包⋯ 4 片

櫻桃蘿蔔⋯⋯⋯⋯ 少許

日本水菜⋯⋯⋯⋯ 少許

## 做法

葡萄乾核桃麵包以斜刀方式切片，塗上凱撒醬，再將日本熟蟹腿肉放置於抹醬上，最後將櫻
桃蘿蔔絲交叉放在蟹腿上面，並以日本水菜點綴即可。

# 酥炸海鯛魚三明治

## 材料

| | | |
|---|---|---|
| 海鯛魚 | …………… | 100g |
| 塔塔醬 | …………… | 少許 |
| 酥炸粉 | …………… | 少許 |
| 布里歐麵包 | ……… | 2 片 |
| 山蘿蔔葉 | ………… | 少許 |
| 小番茄 | …………… | 少許 |

## 做法

將海鯛魚沾上酥炸粉後下油鍋炸,中溫 1.5 分鐘轉高溫炸 30 秒後撈起,以鹽及胡椒調味後備用。布里歐麵包切片,每片約 2 公分,塗上厚厚的塔塔醬之後,再將炸好的魚放上去,並以小番茄、山蘿蔔葉置於上方即可。

# 蒲燒鰻魚三明治

## 材料

鰻魚⋯⋯⋯⋯⋯⋯ 1 隻

芥末籽蛋黃醬⋯⋯ 少許

巧巴達麵包⋯⋯⋯ 3 片

日本水菜⋯⋯⋯⋯ 少許

櫻桃蘿蔔⋯⋯⋯⋯ 少許

## 做法

巧巴達麵包橫切片，每片約 2 公分，塗上芥末籽蛋黃醬，再把蒲燒鰻魚切成四方形，平均放置在芥末籽蛋黃醬上面，接著把櫻桃蘿蔔片放在兩邊，日本水菜放在鰻魚上方點綴即可。

# 炸生蠔三明治

## 材料

| | |
|---|---|
| 生蠔 | 1 顆 |
| 青醬 | 少許 |
| 洋蔥麵包 | 3 片 |
| 紅洋蔥圈 | 少許 |
| 櫻桃蘿蔔 | 少許 |
| 山蘿蔔葉 | 少許 |

## 做法

將生蠔沾上麵粉之後，以中溫炸 1 分鐘再加溫至高溫 30 秒後起鍋，並以鹽及胡椒調味後備用。洋蔥麵包斜切，每片約 1.5 公分，塗上青醬，再擺上炸過的生蠔，最後將櫻桃蘿蔔絲、紅洋蔥圈及山蘿蔔葉依順序擺上即可。

# 好書推薦

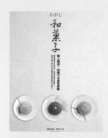

和菓子：
職人親授，60 種日本歲時甜點
渡部弘樹、傅君竹／著 楊志雄／攝影
定價 450 元

隨著春夏秋冬的更迭，呈現花鳥風月的變化，和菓子職人與您分享美學與食感兼具的手作點心。

媽媽教我做的糕點：
派塔 × 蛋糕 × 小點心，重溫兒時的好味道
賈漢生、丁松筠／著 楊志雄／攝影
定價 380 元

喜愛烘焙的賈漢生根據食譜調整用糖份量。運用天然食材搭配詳細作法，就能做出道地的美式點心。

果醬女王的薄餅 & 鬆餅：
簡單用平底鍋變化出 71 款美味
于美芮／著 定價 389 元

從最基礎的鬆餅 & 薄餅開始，教你搭配泰式、中式、美式……等不同國家的美食元素，做出無國界美味料理！

超人氣馬卡龍 × 慕斯：
70 款頂級幸福風味
鄒肇麟／著 定價 280 元

年輕甜點師 Alan 用心打造 70 款流行精美甜點，色彩繽紛、造型俏皮。五星級甜品在家就可以輕鬆做成。

鑄鐵鍋の新手聖經：
開鍋養鍋 × 煲湯沙拉 × 飯麵主餐＝許你一鍋的幸福
陳秉文／著 定價 380 元

教你從最簡單的白飯開始做起，煎煮烤炸燜熬的基本技巧，全書超過 300 個步驟，最詳盡的圖解，原來用鑄鐵鍋做菜一點也不難。

湯圓、糯米糰變化 62 種甜品！
大福、芝麻球、菓子，教你變化花樣多變的吃法！
小三／著 定價 300 元

本書從湯圓的基礎揉製，餡料的搭配製作，以花樣多變的吃法，讓你品嘗盛夏午茶時光的小確幸，內有中英對照，實用易學。

**100°C 湯種麵包：超 Q 彈台式＋歐式、吐司、麵團、麵皮、餡料一次學會**

洪瑞隆 著／楊志雄 攝影／定價 360 元

湯種麵包再升級，從麵種、麵皮、餡料到台式、歐式、吐司各種風味變化，100℃湯種技法大解密！20 年經驗烘焙師傅，傳授技巧，在家也可做出柔軟濕潤，口感 Q 彈的湯種麵包。

**吐司與三明治的美味關係**
于美芮 著／定價 340 元

日常生活中與吐司、三明治息息相關，以一種基本麵包面貌，做不同的運用；焗烤、佐湯還能做甜點，變化多端，哪一種麵包能像吐司這樣好操作？跟著本書輕鬆做，讓妳一次學會變化萬千的吐司。

**手揉麵包，第一次做就成功！基本吐司 x 料理麵包 x 雜糧養生 x 傳統台式麵包**
鄭惠文、許正忠 著／楊志雄 攝影／定價 380 元

初學者一學就會的 50 款手揉麵包！直接法╳三大麵種╳綜合麵種運用，學會基本揉麵，備好簡易的烘焙工具，step by step，輕鬆做出美味的手作麵包！

**Myra 的豆沙擠花不失敗：給新手的第一本擠花書**
Myra 著／定價 400 元

坊間擠花的書不少，但照書做還是常常失敗而無法完成漂亮的蛋糕？本書從基本教起，照著步驟圖解，一點就通的出錯關鍵及修正方法。新手也能輕鬆擠出優雅的蛋糕花飾。

**和菓子 · 四時物語：跟著日式甜點職人，領略春夏秋冬幸福滋味**
渡部弘樹、傅君竹 著／楊志雄 攝影／定價 420 元

和菓子職人邀請你一同品味 58 種，帶給人們幸福滋味的日式手作甜點。只要掌握重點，跟著 700 張步驟圖解，你也可以實作出充滿幸福感的日式甜點！

**自己做天然果乾：用烤箱、氣炸鍋輕鬆做 59 種健康蔬果乾**
龍東姬 著／李靜宜 譯／定價 350 元

本書從製作果乾的工具、材料處理、烹調方式、調味醬料，到果乾保存、送禮包裝、如何搭配料理入菜等，一一詳盡說明。不論是酸甜口味的水果，或是鹹香滋味的蔬菜、特殊食材，教你 59 種蔬果乾製法，新手也能輕鬆完成！

# 20種 抹醬創造出來的 美味三明治

| | | | | |
|---|---|---|---|---|
| 作　　　者 | 陳鏡謙 | 總 經 銷 | 大和書報圖書股份有限公司 |
| 攝　　　影 | 楊志雄 | 地　　　址 | 新北市新莊區五工五路2號 |
| 編　　　輯 | 翁瑞祐、羅德禎 | 電　　　話 | (02) 8990-2588 |
| 封面設計 | 劉錦堂 | 傳　　　真 | (02) 2299-7900 |

| | | | |
|---|---|---|---|
| 發 行 人 | 程安琪 | 製　　　版 | 興旺彩色印刷製版有限公司 |
| 總 策 畫 | 程顯灝 | 印　　　刷 | 鴻海科技印刷股份有限公司 |
| 總 編 輯 | 呂增娣 | 初　　　版 | 2019年6月 |
| 主　　編 | 徐詩淵 | 定　　　價 | 新台幣395 元 |
| 編　　輯 | 吳雅芳、鍾宜芳 | I S B N | 978-986-364-145-2（平裝） |
| 美術主編 | 劉錦堂 | | |
| 美術編輯 | 吳靖玟、劉庭安 | ◎版權所有‧翻印必究 |
| 行銷總監 | 呂增慧 | 書若有破損缺頁 請寄回本社更換 |
| 資深行銷 | 謝儀方、吳孟蓉 | |

| | |
|---|---|
| 發 行 部 | 侯莉莉 |
| 財 務 部 | 許麗娟、陳美齡 |
| 印 務 | 許丁財 |
| 出 版 者 | 橘子文化事業有限公司 |

三友圖書
友直 友諒 友多聞

| | |
|---|---|
| 總 代 理 | 三友圖書有限公司 |
| 地　　　址 | 106台北市安和路2段213號4樓 |
| 電　　　話 | (02) 2377-4155 |
| 傳　　　真 | (02) 2377-4355 |
| E－mail | service@sanyau.com.tw |
| 郵政劃撥 | 05844889 三友圖書有限公司 |

國家圖書館出版品預行編目 (CIP)

20 種抹醬創造出來的美味三明治 / 陳鏡謙著 . – 初版 . –
臺北市： 橘子文化 , 2019.06
面 ; 公分
ISBN 978-986-364-145-2( 平裝 )

1. 食譜

427.1　　　　　　　　　　　　　　　　108008965